Nome:

Professor:

Escola:

Eliana Almeida • Aninha Abreu

Raciocínio lógico e treino mental

TABUADA

3

Dados Internacionais de Catalogação na Publicação (CIP)
(Câmara Brasileira do Livro, SP, Brasil)

Almeida, Eliana
 Vamos trabalhar 3: raciocínio lógico e treino mental / Eliana Almeida, Aninha Abreu. – 1. ed. – São Paulo: Editora do Brasil, 2019.

 ISBN 978-85-10-07441-4 (aluno)
 ISBN 978-85-10-07442-1 (professor)

 1. Matemática (Ensino fundamental) 2. Tabuada (Ensino fundamental) I. Abreu, Aninha. II. Título.

19-26131 CDD-372.7

Índices para catálogo sistemático:
1. Matemática : Ensino fundamental 372.7
Maria Alice Ferreira - Bibliotecária - CRB-8/7964

© Editora do Brasil S.A., 2019
Todos os direitos reservados

Direção-geral: Vicente Tortamano Avanso

Direção editorial: Felipe Ramos Poletti
Gerência editorial: Erika Caldin
Supervisão de arte e editoração: Cida Alves
Supervisão de revisão: Dora Helena Feres
Supervisão de iconografia: Léo Burgos
Supervisão de digital: Ethel Shuña Queiroz
Supervisão de controle de processos editoriais: Roseli Said
Supervisão de direitos autorais: Marilisa Bertolone Mendes

Supervisão editorial: Carla Felix Lopes
Edição: Carla Felix Lopes
Assistência editorial: Ana Okada e Beatriz Pineiro Villanueva
Copidesque: Ricardo Liberal
Revisão: Alexandra Resende e Elaine Silva
Pesquisa iconográfica: Amanda Felício
Assistência de arte: Carla Del Matto e Letícia Santos
Design gráfico: Regiane Santana e Samira de Souza
Capa: Samira de Souza
Imagem de capa: Marcos Machado
Ilustrações: Bruna Ishihara, Eduardo Belmiro, Estúdio Mil, Ilustra Cartoon, Reinaldo Rosa e Ronaldo L. Capitão
Coordenação de editoração eletrônica: Abdonildo José de Lima Santos
Editoração eletrônica: Elbert Stein
Licenciamentos de textos: Cinthya Utiyama, Jennifer Xavier, Paula Harue Tozaki e Renata Garbellini
Controle de processos editoriais: Bruna Alves, Carlos Nunes, Rafael Machado e Stephanie Paparella

1ª edição / 6ª impressão, 2024
Impresso na Forma Certa Gráfica Digital.

Avenida das Nações Unidas, 12901
Torre Oeste, 20º andar
São Paulo, SP – CEP: 04578-910
Fone: +55 11 3226-0211
www.editoradobrasil.com.br

APRESENTAÇÃO

Com o objetivo de despertar em vocês – nossos alunos – o interesse, a curiosidade, o prazer e o raciocínio rápido, entregamos a versão atualizada da Coleção Vamos Trabalhar Tabuada.

Nesta proposta de trabalho, o professor pode adequar os conteúdos de acordo com o planejamento da escola.

Oferecemos o Material Dourado em todos os cinco volumes, para que vocês possam, com rapidez e autonomia, fazer as atividades elaboradas em cada livro da coleção. Todas as operações e atividades são direcionadas para desenvolver habilidades psíquicas e motoras com independência.

Manipulando o Material Dourado, vocês realizarão experiências concretas, estruturadas para conduzi-los gradualmente a abstrações cada vez maiores, provocando o raciocínio lógico sobre o sistema decimal.

Desejamos a todos vocês um excelente trabalho.
Nosso grande e afetuoso abraço,

As autoras

AS AUTORAS

Eliana Almeida

- Licenciada em Artes Práticas
- Psicopedagoga clínica e institucional
- Especialista em Fonoaudiologia (área de concentração em Linguagem)
- Pós-graduada em Metodologia do Ensino da Língua Portuguesa e Literatura Brasileira
- Psicanalista clínica e terapeuta holística
- *Master practitioner* em Programação Neurolinguística
- Aplicadora do Programa de Enriquecimento Instrumental do professor Reuven Feuerstein
- Educadora e consultora pedagógica na rede particular de ensino
- Autora de vários livros didáticos

Aninha Abreu

- Licenciada em Pedagogia
- Psicopedagoga clínica e institucional
- Especialista em Educação Infantil e Educação Especial
- Gestora de instituições educacionais do Ensino Fundamental e do Ensino Médio
- Educadora e consultora pedagógica na rede particular de ensino
- Autora de vários livros didáticos

DEDICATÓRIA

Agradeço às minhas irmãs Ediaurea, Aninha, Elionice e Néia pela amizade e amor incondicional.

Com carinho,
Eliana.

"A alegria que se tem em pensar e aprender faz-nos pensar e aprender ainda mais."
Aristóteles

À família que construí. Sempre ao meu lado, mesmo quando estava sozinha, reclusa e imersa no trabalho.
Obrigada!

Aninha

SUMÁRIO

Vamos trabalhar os números 7
Vamos trabalhar a adição................ 9
Tabuada de adição de 1 a 5 10
Automatizando a tabuada............. 11
Problemas de adição 13
Educação financeira 14
Tabuada de adição de 6 a 10 15
Automatizando a tabuada............. 16
Problemas de adição 18
Vamos trabalhar a centena 19
Vamos trabalhar a adição com dezenas e centenas (com reserva)...23
Problemas de adição 25
Vamos trabalhar a subtração.......... 26
Tabuada de subtração de 1 a 5 27
Tabuada de subtração de 6 a 10 28
Automatizando a tabuada............. 30
Vamos trabalhar a subtração sem reserva 31
Problemas de subtração 32
Revisando a adição e a subtração 33
Vamos trabalhar a subtração com recurso 34

Educação financeira 37
Problemas de subtração 38
Vamos trabalhar a multiplicação ... 39
Tabuada de multiplicação de 1 a 5 40
Tabuada de multiplicação de 6 a 10 41
Automatizando a tabuada............. 43
Vamos trabalhar a multiplicação com e sem reserva 45
Problemas de multiplicação.......... 48
Educação financeira 49
Vamos trabalhar a divisão 50
Tabuada de divisão de 1 a 5 52
Tabuada de divisão de 6 a 10 53
Automatizando a tabuada............. 54
Vamos trabalhar a divisão exata ... 56
Vamos trabalhar a divisão não exata.. 58
Problemas de divisão 59
Material Dourado 61

Vamos trabalhar os números

Representamos números usando os símbolos:
0, 1, 2, 3, 4, 5, 6, 7, 8 e 9.
Esses são os números naturais.

Atividade

1 Encontre o nome dos números de 0 a 9 no diagrama. Depois, escreva-os junto da quantidade correspondente.

U	R	S	T	R	Ê	S	T	S	O
M	K	H	T	A	T	R	P	E	P
W	P	Q	U	A	T	R	O	T	N
A	Q	T	D	P	R	E	W	E	O
Z	E	R	O	T	S	D	C	O	V
P	K	L	I	Y	A	S	I	B	E
S	E	I	S	R	T	A	P	R	K
W	E	R	P	U	O	I	T	O	T
C	I	N	C	O	K	T	O	N	P

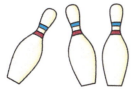   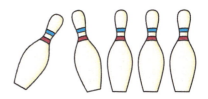

3 _____   5 _____

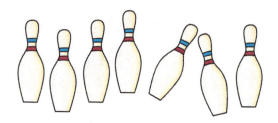

7 _____

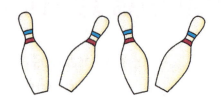

4 _____

1 _____

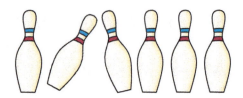

8 _____

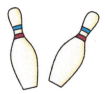

6 _____

2 _____

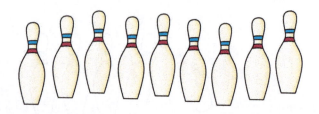

9 _____

0 _____

Tabuada

Vamos trabalhar a adição

Adição: juntar, somar, reunir.
O sinal da adição é **+** (mais).

Lari está arrumando os pinos de boliche para uma nova jogada. Ela já colocou 6 pinos e agora vai colocar mais 2. Quantos pinos Lari arrumou ao todo?

Forma prática:
- 6 → 1ª parcela
- + 2 → 2ª parcela
- 8 → soma ou total

Lari arrumou 8 pinos ao todo.

Tabuada

Tabuada de adição de 1 a 5

1	+	1	= 2
1	+	2	= 3
1	+	3	= 4
1	+	4	= 5
1	+	5	= 6
1	+	6	= 7
1	+	7	= 8
1	+	8	= 9
1	+	9	= 10

2	+	1	= 3
2	+	2	= 4
2	+	3	= 5
2	+	4	= 6
2	+	5	= 7
2	+	6	= 8
2	+	7	= 9
2	+	8	= 10
2	+	9	= 11

3	+	1	= 4
3	+	2	= 5
3	+	3	= 6
3	+	4	= 7
3	+	5	= 8
3	+	6	= 9
3	+	7	= 10
3	+	8	= 11
3	+	9	= 12

4	+	1	= 5
4	+	2	= 6
4	+	3	= 7
4	+	4	= 8
4	+	5	= 9
4	+	6	= 10
4	+	7	= 11
4	+	8	= 12
4	+	9	= 13

5	+	1	= 6
5	+	2	= 7
5	+	3	= 8
5	+	4	= 9
5	+	5	= 10
5	+	6	= 11
5	+	7	= 12
5	+	8	= 13
5	+	9	= 14

Cálculo mental

Tabuada

Automatizando a tabuada

Atividades

1 Complete a tabela.

+	8	4	1	9	3	6
2				3		
3						
4		8				
5						

2 Calcule as somas e ligue-as ao resultado correto.

a) 2 + 7 •   • 11   e) 1 + 8 •   • 12
b) 3 + 7 •   • 9   f) 3 + 8 •   • 9
c) 4 + 7 •   • 12   g) 4 + 8 •   • 11
d) 5 + 7 •   • 10   h) 5 + 8 •   • 13

3 Escreva o resultado das somas seguindo as setas.

◯ = 9   8 = ◯
◯ = 4   7 = ◯
         5 +
◯ = 6   3 = ◯
◯ = 5   2 = ◯

Tabuada 11

4 Resolva as adições observando os exemplos.

U
5
+ 3
8

a)
```
  U
  1
+ 1
___
```

b)
```
  U
  2
+ 7
___
```

c)
```
  U
  4
+ 4
___
```

d)
```
  U
  5
+ 3
___
```

D U
2 5
+ 4 3
6 8

e)
```
  D U
  1 1
+ 8 3
_____
```

f)
```
  D U
  3 4
+ 5 4
_____
```

g)
```
  D U
  5 2
+ 1 6
_____
```

h)
```
  D U
  4 2
+ 0 7
_____
```

D U
3 2
1 1
+ 2 3
6 6

i)
```
  D U
  4 1
  3 4
+ 2 3
_____
```

j)
```
  D U
  5 3
  1 2
+ 1 4
_____
```

k)
```
  D U
  1 3
  2 0
+ 3 5
_____
```

l)
```
  D U
  3 2
  1 3
+ 2 0
_____
```

D U
4 5
+ 8 3
1 2 8

m)
```
  D U
  3 1
+ 8 7
_____
```

n)
```
  D U
  3 5
+ 9 2
_____
```

o)
```
  D U
  5 0
+ 8 8
_____
```

p)
```
  D U
  5 2
+ 7 7
_____
```

D U
5 9
+ 9 0
1 4 9

q)
```
  D U
  3 5
+ 4 1
_____
```

r)
```
  D U
  7 1
+ 2 8
_____
```

s)
```
  D U
  6 2
+ 4 0
_____
```

t)
```
  D U
  8 5
+ 3 4
_____
```

Tabuada

Problemas de adição

Atividades

1 Malu e seus amigos formam um grupo composto de 5 meninos e 4 meninas. Quantas crianças formam o grupo?

Sentença   Cálculo

☐ =

☐ =

O grupo é formado por _____ crianças.

2 A turma de André é composta de 15 meninas e 12 meninos. Quantos alunos há na turma de André?

Sentença   Cálculo

☐ =

☐ =

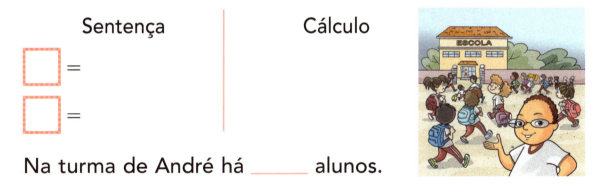

Na turma de André há _____ alunos.

3 Lari foi à papelaria e comprou 2 borrachas, 4 lápis e 3 canetas. Quantos objetos Lari comprou?

Sentença   Cálculo

☐ =

☐ =

Lari comprou _____ objetos.

Educação financeira

1) Vítor foi ao mercado com a mãe. Observe os valores e circule os produtos que podem ser adquiridos com economia.

a)  R$ 7,99  R$ 7,99

b)  R$ 8,90  R$ 9,90

c)  R$ 9,00  R$ 4,00

d)  R$ 2,00  R$ 2,00

Tabuada de adição de 6 a 10

6 + 1 = 7	7 + 1 = 8
6 + 2 = 8	7 + 2 = 9
6 + 3 = 9	7 + 3 = 10
6 + 4 = 10	7 + 4 = 11
6 + 5 = 11	7 + 5 = 12
6 + 6 = 12	7 + 6 = 13
6 + 7 = 13	7 + 7 = 14
6 + 8 = 14	7 + 8 = 15
6 + 9 = 15	7 + 9 = 16

8 + 1 = 9	9 + 1 = 10	10 + 1 = 11
8 + 2 = 10	9 + 2 = 11	10 + 2 = 12
8 + 3 = 11	9 + 3 = 12	10 + 3 = 13
8 + 4 = 12	9 + 4 = 13	10 + 4 = 14
8 + 5 = 13	9 + 5 = 14	10 + 5 = 15
8 + 6 = 14	9 + 6 = 15	10 + 6 = 16
8 + 7 = 15	9 + 7 = 16	10 + 7 = 17
8 + 8 = 16	9 + 8 = 17	10 + 8 = 18
8 + 9 = 17	9 + 9 = 18	10 + 9 = 19

Cálculo mental

Tabuada

Automatizando a tabuada

Atividades

Cálculo mental

1 Calcule mentalmente e complete as adições.

___	+	2	+	3
4	+	4	+	___
3	+	___	+	1

= 10

2	+	___	+	2
___	+	1	+	4
6	+	3	+	___

= 12

7	+	___	+	7
___	+	8	+	4
2	+	9	+	___

= 17

___	+	4	+	6
7	+	___	+	7
5	+	8	+	___

= 16

2 Pinte as adições cuja soma seja 13.

- 6 + 7
- 8 + 8
- 5 + 8
- 9 + 4
- 7 + 7
- 11 + 2
- 10 + 4
- 10 + 3

3 Pinte as adições cuja soma seja 15.

- 8 + 7
- 6 + 10
- 9 + 6
- 8 + 9
- 6 + 9
- 11 + 4
- 5 + 9
- 5 + 10

4 Efetue as adições a seguir.

a)
```
  D U
  6 3
+ 1 4
-----
```

c)
```
  D U
  3 2
+ 4 6
-----
```

e)
```
  D U
  9 3
+   6
-----
```

g)
```
  D U
  3 1
+ 2 4
-----
```

b)
```
  D U
  5 7
+ 4 0
-----
```

d)
```
  D U
  8 3
+ 6 0
-----
```

f)
```
  D U
  2 8
+ 9 1
-----
```

h)
```
  D U
  7 4
+ 8 5
-----
```

5 Agora, arme e efetue as adições.

a) 43 + 55 =

c) 36 + 40 =

e) 55 + 13 =

b) 12 + 82 + 64 =

d) 20 + 49 + 70 =

f) 33 + 65 + 81 =

Problemas de adição

Atividades

1 Em uma cesta há 16 bananas, 21 limões e 30 maçãs. Quantas frutas há na cesta?

Sentença   Cálculo

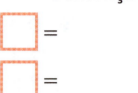

Na cesta há _____ frutas.

2 Tito comprou uma caixa de bombons sortidos. Na caixa havia 22 bombons de laranja, uma dezena de bombons cereja e 64 de uva. Quantos bombons havia na caixa?

Sentença   Cálculo

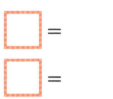

Na caixa havia _____ bombons.

3 Para lanchar com os amigos Malu fez 72 brigadeiros, 45 pastéis e 31 pães. Quantas unidades Malu fez?

Sentença   Cálculo

Malu fez _____ unidades.

Vamos trabalhar a centena

Veja:

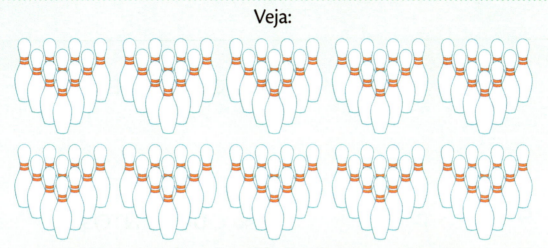

Um grupo de cem unidades chama-se **centena**.
10 grupos de 10 unidades formam uma centena.
1 centena = 100 unidades
1 centena = 10 dezenas

Em 100, o algarismo 1 ocupa a ordem das centenas (3ª ordem).

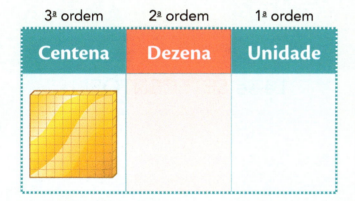

C	D	U
1	0	0

cem

Atividades

1 Observe o exemplo e complete os espaços em branco.

C	D	U
2	0	0

Lê-se DUZENTOS.

duzentos

a) | C | D | U |
|---|---|---|
| | | |

Lê-se TREZENTOS.

b) | C | D | U |
|---|---|---|
| | | |

Lê-se QUATROCENTOS.

c) | C | D | U |
|---|---|---|
| | | |

Lê-se QUINHENTOS.

d) | C | D | U |
|---|---|---|
| | | |

Lê-se SEISCENTOS.

e) | C | D | U |
|---|---|---|
| | | |

Lê-se SETECENTOS.

f) | C | D | U |
|---|---|---|
| | | |

Lê-se OITOCENTOS.

g) | C | D | U |
|---|---|---|
| | | |

Lê-se NOVECENTOS.

2) Escreva os números correspondentes.

a) 2 centenas

b) 4 centenas

c) 6 centenas

d) 9 centenas

3) Observe o exemplo e complete a atividade.

a) 254   2 centenas, 5 dezenas e 4 unidades

b) 436 _____

c) 662 _____

d) 999 _____

4) Pinte as centenas exatas.

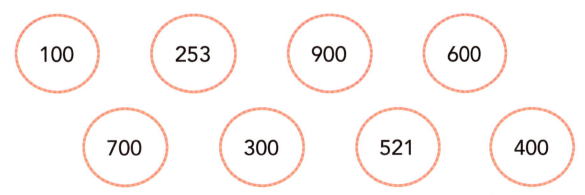

5 Complete o diagrama com o nome dos números.

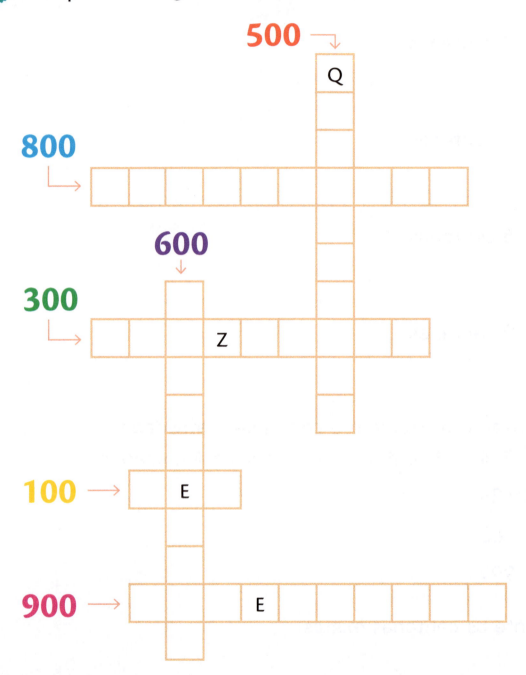

6 Observe a sequência e escreva os números corretos.

110   220   ( )   440   ( )

( )   770   ( )   ( )

Vamos trabalhar a adição com dezenas e centenas (com reserva)

Malu usa o quadro de valor para fazer o cálculo.

Atividade

1 Observe os exemplos com atenção e efetue as adições.

```
   D U
   ①
   3 5
 + 4 6
 ─────
   8 1
```

a)
```
   D U
   3 6
 + 1 7
```

b)
```
   D U
   1 9
 + 4 8
```

c)
```
   D U
   2 4
 + 2 8
```

D U	d) D U	e) D U	f) D U
①			
3 2	1 1	3 9	1 9
1 0	1 4	1 3	4 0
+ 2 8	+ 2 8	+ 1 0	+ 8 6
7 0			

C D U	g) C D U	h) C D U	i) C D U
①			
4 6 7	1 3 9	1 4 6	3 2 9
+ 4 2 5	+ 4 3 8	+ 3 2 9	+ 4 0 5
8 9 2			

C D U	j) C D U	k) C D U	l) C D U
①			
4 3 5	1 9 3	2 5 1	1 7 3
+ 2 8 4	+ 6 7 2	+ 2 5 7	+ 4 6 6
7 1 9			

C D U	m) C D U	n) C D U	o) C D U
① ①			
2 5 6	5 8 3	1 3 5	3 2 1
+ 5 7 8	+ 1 4 7	+ 3 7 9	+ 4 8 9
8 3 4			

C D U	p) C D U	q) C D U	r) C D U
①			
4 3 8	6 7 3	7 3 1	4 8 0
+ 1 7 1	+ 1 3 8	+ 1 9 0	+ 2 9 8
6 0 9			

Problemas de adição

Atividades

1 Em um estacionamento há 47 carros e 27 motocicletas. Quantos veículos há no estacionamento?

☐ =

☐ =

Resposta: _____

2 Tito ganhou 18 balões azuis e 15 amarelos. Quantos balões ele ganhou no total?

☐ =

☐ =

Resposta: _____

3 Mamãe fez 226 pastéis, 46 quibes e 321 empadas. Quantos salgadinhos ela fez ao todo?

☐ =

☐ =

Resposta: _____

Vamos trabalhar a subtração

Subtração: diminuir, retirar.
O sinal da subtração é — (menos).

Lari conseguiu derrubar 6 pinos.

Forma prática:

```
  9  ──→ minuendo
− 6  ──→ subtraendo
  3  ──→ resto ou diferença
```

Tabuada de subtração de 1 a 5

Cálculo mental

1 − 1 = 0	2 − 2 = 0	
2 − 1 = 1	3 − 2 = 1	
3 − 1 = 2	4 − 2 = 2	
4 − 1 = 3	5 − 2 = 3	
5 − 1 = 4	6 − 2 = 4	
6 − 1 = 5	7 − 2 = 5	
7 − 1 = 6	8 − 2 = 6	
8 − 1 = 7	9 − 2 = 7	
9 − 1 = 8	10 − 2 = 8	
10 − 1 = 9	11 − 2 = 9	

3 − 3 = 0	4 − 4 = 0	5 − 5 = 0
4 − 3 = 1	5 − 4 = 1	6 − 5 = 1
5 − 3 = 2	6 − 4 = 2	7 − 5 = 2
6 − 3 = 3	7 − 4 = 3	8 − 5 = 3
7 − 3 = 4	8 − 4 = 4	9 − 5 = 4
8 − 3 = 5	9 − 4 = 5	10 − 5 = 5
9 − 3 = 6	10 − 4 = 6	11 − 5 = 6
10 − 3 = 7	11 − 4 = 7	12 − 5 = 7
11 − 3 = 8	12 − 4 = 8	13 − 5 = 8
12 − 3 = 9	13 − 4 = 9	14 − 5 = 9

Tabuada

Tabuada de subtração de 6 a 10

Cálculo mental

6 − 6 = 0		7 − 7 = 0
7 − 6 = 1		8 − 7 = 1
8 − 6 = 2		9 − 7 = 2
9 − 6 = 3		10 − 7 = 3
10 − 6 = 4		11 − 7 = 4
11 − 6 = 5		12 − 7 = 5
12 − 6 = 6		13 − 7 = 6
13 − 6 = 7		14 − 7 = 7
14 − 6 = 8		15 − 7 = 8
15 − 6 = 9		16 − 7 = 9

8 − 8 = 0	9 − 9 = 0	10 − 10 = 0
9 − 8 = 1	10 − 9 = 1	11 − 10 = 1
10 − 8 = 2	11 − 9 = 2	12 − 10 = 2
11 − 8 = 3	12 − 9 = 3	13 − 10 = 3
12 − 8 = 4	13 − 9 = 4	14 − 10 = 4
13 − 8 = 5	14 − 9 = 5	15 − 10 = 5
14 − 8 = 6	15 − 9 = 6	16 − 10 = 6
15 − 8 = 7	16 − 9 = 7	17 − 10 = 7
16 − 8 = 8	17 − 9 = 8	18 − 10 = 8
17 − 8 = 9	18 − 9 = 9	19 − 10 = 9

Atividades

1 Pinte com a mesma cor a subtração e o resto da operação.

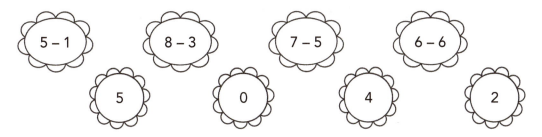

2 Resolva a subtração, encontre no diagrama o nome dos termos da operação e escreva-os no local adequado.

$$\begin{array}{r}9\\-7\\\hline\end{array}$$

B	O	H	M	Y	T	I	D	A	R
R	D	I	F	E	R	E	N	Ç	A
E	M	T	A	H	M	A	I	O	P
M	I	W	O	D	C	E	J	G	I
X	N	I	H	C	O	V	H	X	S
S	U	B	T	R	A	E	N	D	O
I	E	R	S	D	R	M	A	A	A
A	N	A	P	E	E	I	S	B	B
E	D	L	U	F	I	V	P	C	O
U	O	C	R	E	S	T	O	A	Q

Tabuada 29

Automatizando a tabuada

Atividades

1 Complete o quadro com os números que faltam.

Minuendo	Subtraendo	Resto
6	3	
14	5	
8		4
	7	2
	6	6

2 Complete os quadrinhos.

− 3

9	
5	
11	

− 5

6	
10	
12	

− 6

7	
9	
13	

− 8

14	
12	
8	

3 Efetue a subtração e faça a operação inversa. Observe o exemplo.

4 − 2 = 2 = (2 + 2 = 4)

4 − 2 = ?

a) 7 − 1 = ___ = (___ + ___ = ___)

b) 11 − 5 = ___ = (___ + ___ = ___)

c) 6 − 2 = ___ = (___ + ___ = ___)

d) 12 − 5 = ___ = (___ + ___ = ___)

e) 12 − 3 = ___ = (___ + ___ = ___)

Vamos trabalhar a subtração sem reserva

Atividade

1) Observe os modelos e efetue as subtrações.

```
   D U
   5 4
 -   3
   ___
   5 1
```

a)
```
   D U
   5 5
 -   4
   ___
```

b)
```
   D U
   6 8
 -   5
   ___
```

c)
```
   D U
   4 9
 +   2
   ___
```

```
   D U
   3 9
 - 1 5
   ___
   2 4
```

d)
```
   D U
   6 1
 - 2 0
   ___
```

e)
```
   D U
   7 8
 - 2 5
   ___
```

f)
```
   D U
   8 9
 - 3 3
   ___
```

```
   C D U
   3 9 4
 -   2 3
   _____
   3 7 1
```

g)
```
   C D U
   9 7 8
 -   4 2
   _____
```

h)
```
   C D U
   8 6 7
 -   6 3
   _____
```

i)
```
   C D U
   8 9 6
 -   2 5
   _____
```

j)
```
   D U
   8 9
 -   5
   ___
```

k)
```
   D U
   7 3
 - 2 3
   ___
```

l)
```
   D U
   5 8
 - 1 3
   ___
```

m)
```
   D U
   7 4
 - 4 2
   ___
```

n)
```
   C D U
   7 3 4
 -   2 1
   _____
```

o)
```
   C D U
   9 8 6
 -   3 4
   _____
```

p)
```
   C D U
   1 8 4
 -   8 3
   _____
```

q)
```
   C D U
   3 6 2
 -   1 2
   _____
```

Problemas de subtração

Atividades

1 Em uma borracharia havia 93 pneus. Foram vendidos 30. Quantos pneus restaram na borracharia?

☐ =

☐ =

Resposta: _____

2 No Teatro Castro Alves há 388 lugares. Já foram vendidos 42 ingressos para a peça *A Bela e a Fera*. Quantos ingressos ainda faltam ser vendidos?

☐ =

☐ =

Resposta: _____

3 Eu tinha 87 figurinhas. Dei 31 a Maria e o restante dei ao Vítor. Quantas figurinhas Vítor ganhou?

☐ =

☐ =

Resposta: _____

Revisando a adição e a subtração

Atividade

1 Lari, Vítor, Malu e Tito estão brincando de dardos. Lari e Vítor arremessaram os dardos vermelhos e Malu e Tito, os dardos verdes.

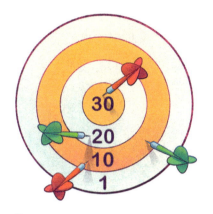

- Calcule.

a) Quantos pontos fizeram Lari e Vítor?

☐ =
☐ =

Resposta: _____

b) Quantos pontos fizeram Malu e Tito?

☐ =
☐ =

Resposta: _____

c) Qual é a diferença entre a quantidade de pontos de Lari e Vítor e a de Malu e Tito?

☐ =
☐ =

Resposta: _____

Vamos trabalhar a subtração com recurso

Como não podemos subtrair 7 unidades de 4 unidades, tomamos emprestado 10 unidades das dezenas e obtemos 14 unidades. Dessas 14 unidades, então, podemos subtrair 7, que é igual a 7 unidades.

Atividades

1 Faça as subtrações como no exemplo.

```
   D  U              a) D U        b) D U        c) D U
   ③ ⑮
   4̷ 5̷                 6 3           7 5           9 6
 – 2 8               – 1 7         – 4 9         – 1 7
   ─────
   1 7
```

Observe:

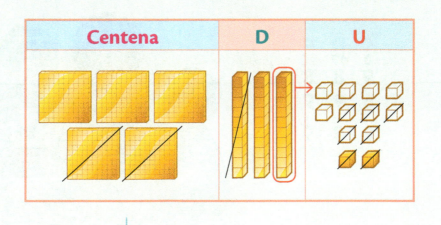

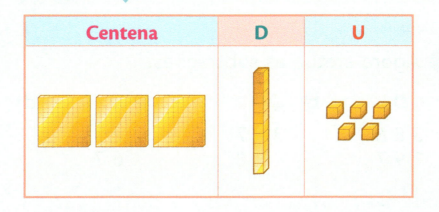

2 Faça as subtrações a seguir.

a) C D U
     3 4 4
   − 2 1 6

b) C D U
     6 7 2
   − 1 3 8

c) C D U
     3 8 2
   − 1 4 6

d) C D U
     9 5 0
   − 6 2 4

e) C D U
     6 4 5
   − 5 1 9

f) C D U
     8 2 6
   − 5 1 8

g) C D U
     5 8 5
   − 3 6 9

h) C D U
     4 3 2
   − 2 1 7

Observe:

3. Agora efetue as subtrações.

a)   C D U
     3 8 6
   − 1 9 7
   ───────

b)   C D U
     3 1 7
   −   9 8
   ───────

c)   C D U
     7 2 3
   −   6 7
   ───────

d)   C D U
     4 5 4
   − 1 8 7
   ───────

4. Verifique as operações e pinte nas corretas e nas incorretas.

a)   C D U
     5 4 8
   − 3 9 6
   ───────
     1 5 2

c)   C D U
     8 1 1
   − 5 5 5
   ───────
     2 5 6

b)   C D U
     9 5 7
   − 3 6 8
   ───────
     5 8 9

d)   C D U
     4 1 3
   − 2 9 9
   ───────
     1 0 0

Educação financeira

1 A família de Lari quer diminuir o consumo de água. Para isso, fez um gráfico do consumo no 1º semestre. Observe-a e responda às questões.

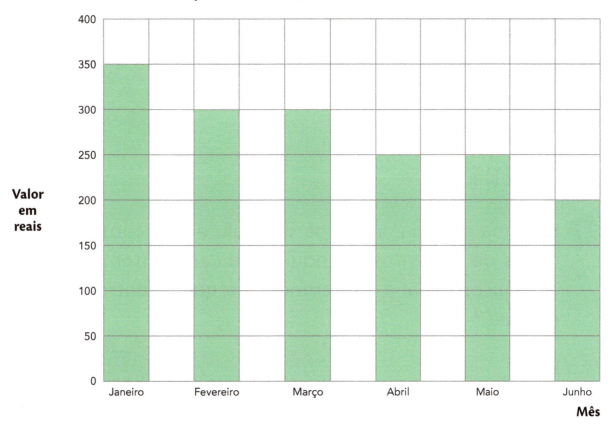

a) Qual foi o valor pago no mês de maior consumo?

_____

b) Qual foi o valor pago no mês de menor consumo?

_____

c) Qual foi o mês em que houve menor consumo?

_____

d) Calcule e escreva a diferença entre o mês de maior consumo e o mês de menor consumo.

_____

Problemas de subtração

Atividades

1 No álbum de super-heróis de Lari cabem 936 figurinhas, ela já conseguiu 619. Quantas figurinhas faltam para completar o álbum?

☐ =

☐ =

Resposta: _____

2 Em uma gincana, a equipe de Malu e Tito conseguiu 286 quilos de alimentos e a equipe de Lari e Vítor conseguiu 378 quilos. Qual é a diferença, em quilos, entre as equipes?

☐ =

☐ =

Resposta: _____

3 Vítor quer comprar uma patinete de 437 reais. Ele já economizou 325 reais. Quanto Vítor ainda terá de economizar?

☐ =

☐ =

Resposta: _____

Vamos trabalhar a multiplicação

Multiplicação: somar um número quantas vezes está indicado no multiplicador. É uma adição de parcelas iguais.

O sinal da multiplicação é o × (vezes).

Observe:

$3 + 3 + 3 + 3 = 12$

$4 \times 3 = 12$

Forma prática:

4	→ multiplicando	
× 3	→ multiplicador	fatores
1 2	→ produto	

Tabuada de multiplicação de 1 a 5

1 × 1 = 1		2 × 1 = 2	
1 × 2 = 2		2 × 2 = 4	
1 × 3 = 3		2 × 3 = 6	
1 × 4 = 4		2 × 4 = 8	
1 × 5 = 5		2 × 5 = 10	
1 × 6 = 6		2 × 6 = 12	
1 × 7 = 7		2 × 7 = 14	
1 × 8 = 8		2 × 8 = 16	
1 × 9 = 9		2 × 9 = 18	
1 × 10 = 10		2 × 10 = 20	
3 × 1 = 3	4 × 1 = 4	5 × 1 = 5	
3 × 2 = 6	4 × 2 = 8	5 × 2 = 10	
3 × 3 = 9	4 × 3 = 12	5 × 3 = 15	
3 × 4 = 12	4 × 4 = 16	5 × 4 = 20	
3 × 5 = 15	4 × 5 = 20	5 × 5 = 25	
3 × 6 = 18	4 × 6 = 24	5 × 6 = 30	
3 × 7 = 21	4 × 7 = 28	5 × 7 = 35	
3 × 8 = 24	4 × 8 = 32	5 × 8 = 40	
3 × 9 = 27	4 × 9 = 36	5 × 9 = 45	
3 × 10 = 30	4 × 10 = 40	5 × 10 = 50	

Cálculo mental

Tabuada

Tabuada de multiplicação de 6 a 10

| 6 × 1 = 6 |
| 6 × 2 = 12 |
| 6 × 3 = 18 |
| 6 × 4 = 24 |
| 6 × 5 = 30 |
| 6 × 6 = 36 |
| 6 × 7 = 42 |
| 6 × 8 = 48 |
| 6 × 9 = 54 |
| 6 × 10 = 60 |

| 7 × 1 = 7 |
| 7 × 2 = 14 |
| 7 × 3 = 21 |
| 7 × 4 = 28 |
| 7 × 5 = 35 |
| 7 × 6 = 42 |
| 7 × 7 = 49 |
| 7 × 8 = 56 |
| 7 × 9 = 63 |
| 7 × 10 = 70 |

| 8 × 1 = 8 |
| 8 × 2 = 16 |
| 8 × 3 = 24 |
| 8 × 4 = 32 |
| 8 × 5 = 40 |
| 8 × 6 = 48 |
| 8 × 7 = 56 |
| 8 × 8 = 64 |
| 8 × 9 = 72 |
| 8 × 10 = 80 |

| 9 × 1 = 9 |
| 9 × 2 = 18 |
| 9 × 3 = 27 |
| 9 × 4 = 36 |
| 9 × 5 = 45 |
| 9 × 6 = 54 |
| 9 × 7 = 63 |
| 9 × 8 = 72 |
| 9 × 9 = 81 |
| 9 × 10 = 90 |

| 10 × 1 = 10 |
| 10 × 2 = 20 |
| 10 × 3 = 30 |
| 10 × 4 = 40 |
| 10 × 5 = 50 |
| 10 × 6 = 60 |
| 10 × 7 = 70 |
| 10 × 8 = 80 |
| 10 × 9 = 90 |
| 10 × 10 = 100 |

Cálculo mental

Tabuada

Atividades

1 Complete as sentenças como no exemplo.

2 + 2 + 2 = 3 × 2

a) 3 + 3 = ____ × 3

b) 3 + 3 + 3 = ____ × 3

c) 3 + 3 + 3 + 3 = ____ × 3

d) 4 + 4 + 4 + 4 = ____ × 4

e) 5 + 5 + 5 = ____ × 5

2 Observe as adições e complete as multiplicações.

a) 2 + 2 = ____ × ____ = 4

b) 3 + 3 + 3 + 3 = ____ × ____ = ____

c) 4 + 4 + 4 + 4 + 4 = ____ × ____ = ____

d) 5 + 5 + 5 + 5 = ____ × ____ = ____

e) 2 + 2 + 2 + 2 + 2 + 2 = ____ × ____ = ____

3 Responda:

a) Quais são os elementos da multiplicação?

_____

_____

b) O que é produto?

_____

_____

42 Tabuada

Automatizando a tabuada

Atividades

1 Complete as tabuadas.

×	1	2	3	4	5	6	7	8	9	10
1					5					

×	1	2	3	4	5	6	7	8	9	10
2						12				

×	1	2	3	4	5	6	7	8	9	10
3							21			

2 Complete as multiplicações.

a) ___ × 7 = 14

b) ___ × 5 = 10

c) ___ × 3 = 9

d) ___ × 9 = 27

e) ___ × 7 = 21

f) ___ × 8 = 24

3 Agora, complete as multiplicações com os números que faltam.

2 × ___ = 6
2 × 4 = ___
2 × ___ = 10
___ × 7 = 14

2 × ___ = 8
2 × ___ = 16
2 × ___ = 4
2 × 9 = ___

2 × ___ = 18
___ × 6 = 12
2 × 0 = ___
2 × ___ = 2

Tabuada 43

4 Complete a tabela.

Multiplicando	Multiplicador	Produto
7		56
9	8	
6		48
	7	49

5 Siga as setas e escreva os resultados.

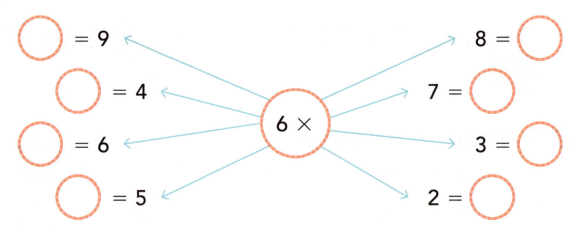

6 Complete a tabuada.

X	1	2	3	4	5	6	7	8	9	10
5		10								50

7 Vamos relembrar as tabuadas. Escreva os resultados a seguir.

2 × 3 = ___   3 × 4 = ___   7 × 6 = ___   5 × 2 = ___

3 × 2 = ___   4 × 3 = ___   6 × 7 = ___   2 × 5 = ___

2 × 4 = ___   3 × 5 = ___   6 × 8 = ___   5 × 4 = ___

4 × 2 = ___   5 × 3 = ___   8 × 6 = ___   4 × 5 = ___

Tabuada

Vamos trabalhar a multiplicação com e sem reserva

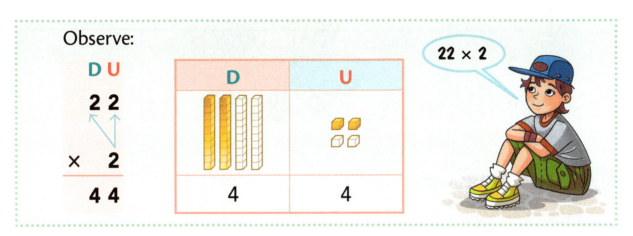

Observe:

Atividades

1 Agora, resolva as multiplicações a seguir.

a)
```
  D U
  3 4
×   2
─────
```

b)
```
  D U
  3 3
×   3
─────
```

c)
```
  D U
  1 2
×   4
─────
```

d)
```
  D U
  1 0
×   5
─────
```

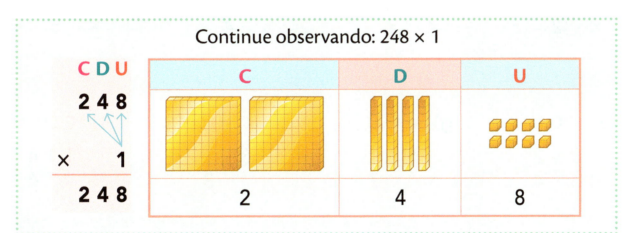

Continue observando: 248 × 1

2 Continue resolvendo as multiplicações.

a)
```
  C D U
  4 3 1
×     2
───────
```

b)
```
  C D U
  1 2 2
×     4
───────
```

c)
```
  C D U
  1 3 2
×     3
───────
```

d)
```
  C D U
  2 2 1
×     2
───────
```

Tabuada

Observe: 18 × 2 = ?

3 Agora é sua vez.

a) D U
     4 7
  ×   2
  ─────

b) D U
     6 8
  ×   2
  ─────

c) C D U
     3 4 2
  ×   4
  ──────

d) C D U
     4 1 7
  ×   5
  ──────

e) D U
     1 8
  ×   5
  ─────

f) D U
     5 5
  ×   3
  ─────

g) C D U
     5 2 0
  ×   7
  ──────

h) C D U
     1 1 2
  ×   8
  ──────

i) D U
     2 7
  ×   2
  ─────

j) D U
     2 8
  ×   4
  ─────

k) C D U
     6 1 7
  ×   3
  ──────

l) C D U
     4 0 6
  ×   2
  ──────

m) D U
     4 3
  ×   7
  ─────

n) D U
     3 7
  ×   5
  ─────

o) C D U
     1 1 4
  ×   6
  ──────

p) C D U
     5 0 5
  ×   3
  ──────

Tabuada

4 Resolva as multiplicações a seguir.

a) C D U
   1 4 1
×   6

b) C D U
   4 5 0
×   7

c) C D U
   4 8 2
×   3

d) C D U
   5 1 6
×   4

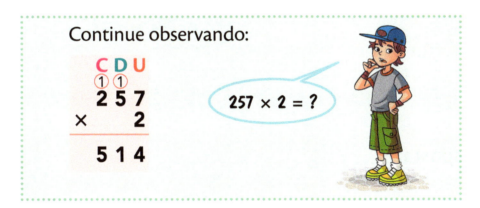

5 Resolva estas outras multiplicações.

a) C D U
   3 4 6
×   5

c) C D U
   2 7 4
×   7

e) C D U
   4 5 8
×   6

g) C D U
   5 6 4
×   3

b) C D U
   8 1 3
×   9

d) C D U
   2 4 5
×   4

f) C D U
   1 8 2
×   6

h) C D U
   1 9 3
×   8

Tabuada

Problemas de multiplicação

Atividades

1 Lari vendeu 32 bilhetes da rifa beneficente da gincana e Malu vendeu o dobro. Quantos bilhetes Malu vendeu?

☐ =

☐ =

Resposta: _____

- Quantos bilhetes Malu e Lari venderam juntas?

☐ =

☐ =

Resposta: _____

2 No primeiro dia da gincana, a equipe de Vítor e Tito conseguiu vender 27 sanduíches naturais. No último dia, eles venderam o triplo. Quantos sanduíches venderam nos 2 dias?

☐ =

☐ =

☐ =

☐ =

Resposta: _____

Educação financeira

1 Vítor quer comprar uma bicicleta. Na loja Compre Aqui, a oferta é de 3 parcelas de 125 reais. Na loja Preço Certo, a oferta é de 4 parcelas de 98 reais. Em qual loja Vítor deve comprar para economizar dinheiro?

- Calcule:

Loja Compre Aqui	Loja Preço Certo
☐ =	☐ =
☐ =	☐ =

Resposta: _____

2 Quanto Vítor economizou?

☐ =
☐ =

Resposta: _____

Tabuada

Vamos trabalhar a divisão

Divisão: dividir, repartir uma quantidade em partes iguais.
O sinal da divisão é ÷ ou : (dividido por).

Observe:
Malu tem 18 figurinhas repetidas e quer dividi-las igualmente entre Lari, Tito e Vítor. Quantas figurinhas cada um vai ganhar?

Forma prática:

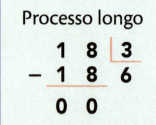

A divisão é a operação inversa da multiplicação.

18 : 3 = 6   e   6 × 3 = 18

Atividade

1 Desenhe as maçãs nas cestas fazendo a divisão exata. Depois, complete as sentenças.

a) 10 : 2 = _____ porque 5 × 2 = _____

b) 4 : 2 = _____ porque 2 × 2 = _____

c) 8 : 2 = _____ porque 4 × 2 = _____

d) 6 : 3 = _____ porque 2 × 3 = _____

e) 15 : 3 = _____ porque 5 × 3 = _____

Tabuada

Tabuada de divisão de 1 a 5

Cálculo mental

1 ÷ 1 = 1	2 ÷ 2 = 1	3 ÷ 3 = 1
2 ÷ 1 = 2	4 ÷ 2 = 2	6 ÷ 3 = 2
3 ÷ 1 = 3	6 ÷ 2 = 3	9 ÷ 3 = 3
4 ÷ 1 = 4	8 ÷ 2 = 4	12 ÷ 3 = 4
5 ÷ 1 = 5	10 ÷ 2 = 5	15 ÷ 3 = 5
6 ÷ 1 = 6	12 ÷ 2 = 6	18 ÷ 3 = 6
7 ÷ 1 = 7	14 ÷ 2 = 7	21 ÷ 3 = 7
8 ÷ 1 = 8	16 ÷ 2 = 8	24 ÷ 3 = 8
9 ÷ 1 = 9	18 ÷ 2 = 9	27 ÷ 3 = 9
10 ÷ 1 = 10	20 ÷ 2 = 10	30 ÷ 3 = 10

4 ÷ 4 = 1	5 ÷ 5 = 1
8 ÷ 4 = 2	10 ÷ 5 = 2
12 ÷ 4 = 3	15 ÷ 5 = 3
16 ÷ 4 = 4	20 ÷ 5 = 4
20 ÷ 4 = 5	25 ÷ 5 = 5
24 ÷ 4 = 6	30 ÷ 5 = 6
28 ÷ 4 = 7	35 ÷ 5 = 7
32 ÷ 4 = 8	40 ÷ 5 = 8
36 ÷ 4 = 9	45 ÷ 5 = 9
40 ÷ 4 = 10	50 ÷ 5 = 10

Tabuada

Tabuada de divisão de 6 a 10

6 ÷ 6 = 1	7 ÷ 7 = 1	
12 ÷ 6 = 2	14 ÷ 7 = 2	
18 ÷ 6 = 3	21 ÷ 7 = 3	
24 ÷ 6 = 4	28 ÷ 7 = 4	
30 ÷ 6 = 5	35 ÷ 7 = 5	
36 ÷ 6 = 6	42 ÷ 7 = 6	
42 ÷ 6 = 7	49 ÷ 7 = 7	
48 ÷ 6 = 8	56 ÷ 7 = 8	
54 ÷ 6 = 9	63 ÷ 7 = 9	
60 ÷ 6 = 10	70 ÷ 7 = 10	

8 ÷ 8 = 1	9 ÷ 9 = 1	10 ÷ 10 = 1
16 ÷ 8 = 2	18 ÷ 9 = 2	20 ÷ 10 = 2
24 ÷ 8 = 3	27 ÷ 9 = 3	30 ÷ 10 = 3
32 ÷ 8 = 4	36 ÷ 9 = 4	40 ÷ 10 = 4
40 ÷ 8 = 5	45 ÷ 9 = 5	50 ÷ 10 = 5
48 ÷ 8 = 6	54 ÷ 9 = 6	60 ÷ 10 = 6
56 ÷ 8 = 7	63 ÷ 9 = 7	70 ÷ 10 = 7
64 ÷ 8 = 8	72 ÷ 9 = 8	80 ÷ 10 = 8
72 ÷ 8 = 9	81 ÷ 9 = 9	90 ÷ 10 = 9
80 ÷ 8 = 10	90 ÷ 9 = 10	100 ÷ 10 = 10

Cálculo mental

Tabuada

Automatizando a tabuada

Atividades

1 Preencha os quadros.

÷	18	6	14	10	2	20	16	4	12	8
2										

÷	15	6	30	21	3	24	27	18	9	12
3										

÷	24	4	36	40	8	20	28	12	16	32
4										

÷	40	25	5	20	10	45	15	30	35	50
5										

÷	14	42	63	70	7	28	56	35	49	21
7										

÷	18	90	72	9	45	81	63	54	27	36
9										

2 Pinte a resposta correta.

42 ÷ 6 =	7	8	9
24 ÷ 6 =	5	3	4
63 ÷ 7 =	9	8	7
35 ÷ 7 =	5	6	4
80 ÷ 8 =	5	10	8
56 ÷ 8 =	5	6	7
72 ÷ 9 =	9	10	8
27 ÷ 9 =	5	3	4
54 ÷ 6 =	7	9	8
49 ÷ 7 =	6	7	5
16 ÷ 8 =	2	3	4
54 ÷ 9 =	3	6	9

42 ÷ 6 = ?

3 Vamos praticar as operações inversas? Siga os exemplos e complete as sentenças.

> 5 × 2 = 10   10 ÷ 2 = 5

a) 7 × 3 = ____   ____ ÷ 3 = 7

b) 6 × 9 = ____   ____ ÷ 9 = 6

c) 7 × 5 = ____   ____ ÷ 5 = 7

d) 4 × 9 = ____   ____ ÷ 9 = 4

e) 3 × 8 = ____   ____ ÷ 8 = 3

f) 5 × 4 = ____   ____ ÷ 4 = 5

g) 6 × 7 = ____   ____ ÷ 7 = 6

Tabuada

Vamos trabalhar a divisão exata

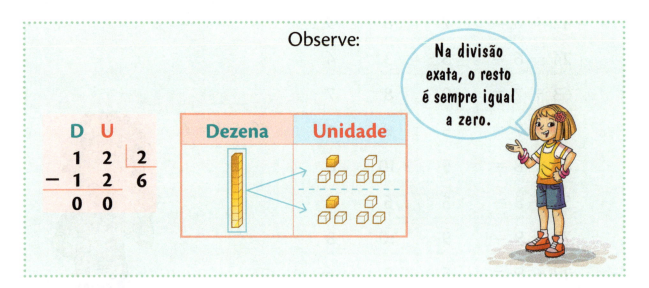

Atividades

1 Observe os exemplos e resolva as divisões.

```
 D U
 1 4 | 2
-1 4   7
 0 0
```

a)
```
 D U
 1 0 | 2
```

b)
```
 D U
 1 8 | 2
```

```
 D U
 4 6 | 2
-4     23
 0 6
 -6
   0
```

c)
```
 D U
 2 8 | 2
```

d)
```
 D U
 9 6 | 3
```

```
 D U
 1 5 | 3
-1 5   5
 0 0
```

e)
```
 D U
 6 0 | 2
```

f)
```
 D U
 3 6 | 2
```

56 Tabuada

```
  C D U
  1 6 8 | 4
- 1 6   | 42
  0 0 8
  - 8
    0
```

g)
```
C D U
1 2 6 | 3
```

h)
```
C D U
1 5 9 | 3
```

2 Verifique as operações e pinte nas corretas e nas incorretas.

a)
```
  C D U
  1 3 6 | 4
- 1 2   | 34
  0 1 6
- 1 6
  0 0
```

d)
```
  C D U
  2 9 6 | 4
- 2 8   | 73
  0 1 6
- 1 6
  0 0
```

b)
```
  C D U
  3 8 4 | 6
- 3 0   | 59
  0 8 4
- 8 1
  0 3
```

e)
```
  C D U
  6 0 6 | 6
- 6     | 101
  0 0 6
- 6
  0 0
```

c)
```
  C D U
  2 2 2 | 3
- 2 1   | 74
  0 1 2
- 1 2
  0 0
```

f)
```
  C D U
  9 6 3 | 3
- 9     | 321
  0 6
- 6
  0 3
- 3
  0
```

Vamos trabalhar a divisão não exata

Na divisão não exata, o resto é sempre diferente de zero.

Atividade

1 Observe os exemplos e resolva as divisões.

```
  D U
  2 7 | 2
 -2   13
  0 7
  - 6
    1
```

a) D U
   4 5 | 4

b) D U
   3 7 | 3

```
  C D U
  3 1 9 | 7
 -2 8     45
  0 3 9
  - 3 5
    0 4
```

c) C D U
   3 8 6 | 6

d) C D U
   2 9 8 | 4

58 Tabuada

Problemas de divisão

Atividades

1 Faltam 9 meses para o acampamento de final de ano e Léo precisa economizar 270 reais para participar. Quanto ele precisa poupar por mês?

☐ =

☐ =

Resposta: _____

2 Rafaela colheu 120 mudas de margaridas e precisa colocá-las em 6 caixas. Quantas mudas ela colocará em cada caixa?

☐ =

☐ =

Resposta: _____

3 Uma padaria fez 6 300 pães e os distribuiu igualmente em 7 mercados. Quantos pães cada mercado recebeu?

☐ =

☐ =

Resposta: _____

4 Que legal! Vamos resolver este diagrama de números? Escreva o resultado das divisões.

600 ÷ 2

90 ÷ 3 → T

1400 ÷ 2

250 ÷ 5

27 ÷ 3 → N O V E

32 ÷ 2 →

12 ÷ 2 →

Material Dourado

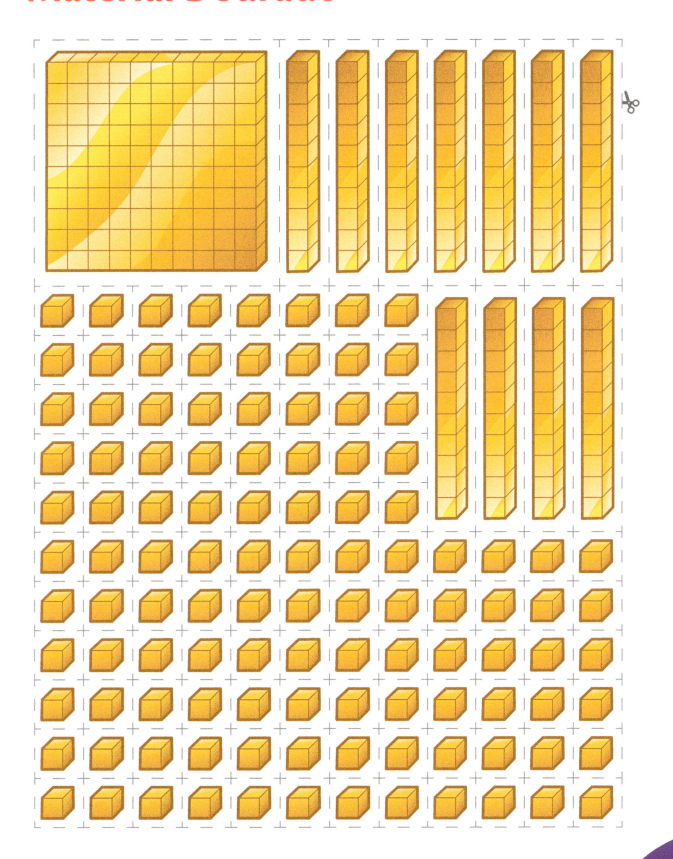

Tabuada 61

COLAR

Material Dourado

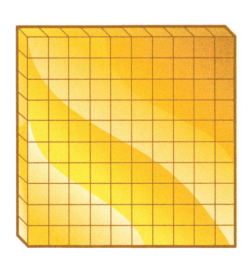

COLAR

Tabuada 63

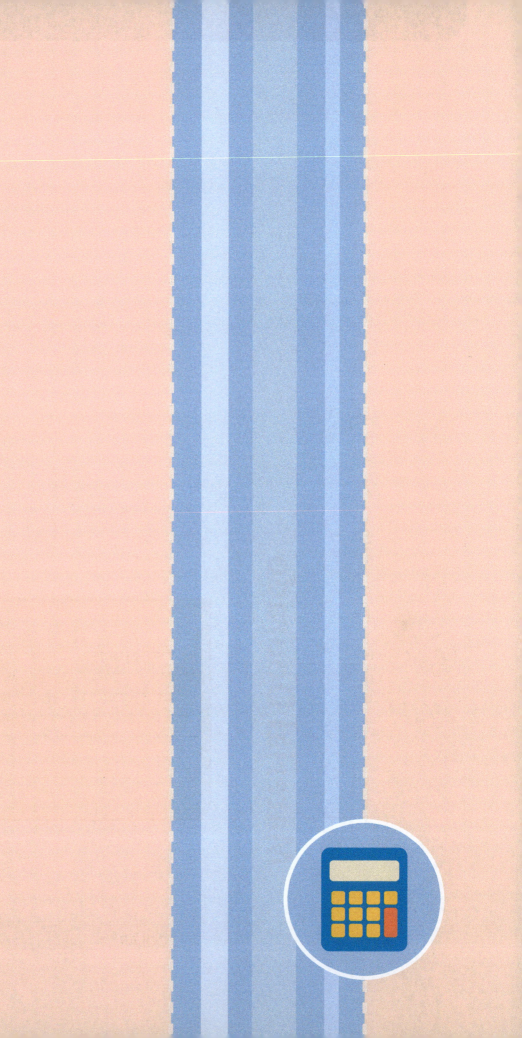